食物背后的秘密

SHIWU BEIHOU DE MIMI

红薯，你从哪里来

温会会 / 编著

浙江摄影出版社

全国百佳图书出版单位

喷香的烤红薯，酥脆的炸红薯，香糯的煮红薯，甜甜的拔丝红薯，绵软的红薯粥……各种各样的做法，让红薯成为人们盘中的美味！

红薯是从哪里来的呢？

烤红薯

你知道吗？人们常说的"地瓜""山芋""番薯""甘薯"等，指的都是红薯这种植物哦。红薯、木薯、马铃薯，并称为"世界三大薯"。

马铃薯

红薯

木薯

世界三大薯

"地瓜""山芋""番薯""甘薯"，这些其实都是指红薯哦！

红薯可不是在树上结的，而是从地里长出来的。让我们来看看，在土里培育的红薯是如何生长的吧！

在种植红薯之前，农民们会先培育出红薯苗。

具体的做法是这样的：在土坑里放上长了芽的红薯，浇点水，掩上土，盖上膜。

过了一段时间，土里的红薯就发芽啦！嫩绿的红薯芽，逐渐长成绿油油的红薯苗。

红薯苗培育好了之后，种植正式开始。

在另一片地里，农民们先用锄头翻动并打碎土壤，捡走大块的石头，再松土。要想红薯长得又快又好，还可以在土壤底层放上肥料哦！

松土完毕，就可以栽种啦！

农民们开始往土里插入事先培育好的红薯苗。于是，红薯苗搬进了"新家"，准备积蓄力量成长啦！

渐渐地，在土壤之上，红薯苗长出许多"兄弟姐妹"，整个"大家庭"由稀疏变得茂盛起来。

土壤之下，红薯块茎逐渐长大，根须也越来越长。

过了好几个月，红薯成熟啦！农民们拿着锄头轻轻一挖，大大小小的红薯，终于能和人们见面了！

别瞧红薯不起眼，它们含有丰富的营养物质呢！

红薯里含有蛋白质、钙、铁、胡萝卜素等营养物质。

经常吃红薯，对人体的健康很有好处哟！

收获的红薯，还可以做成红薯粉。

红薯粉可不是红色的，它长得跟面粉差不多。看，这是用细腻的红薯粉进一步制作而成的红薯饼和红薯粉条。

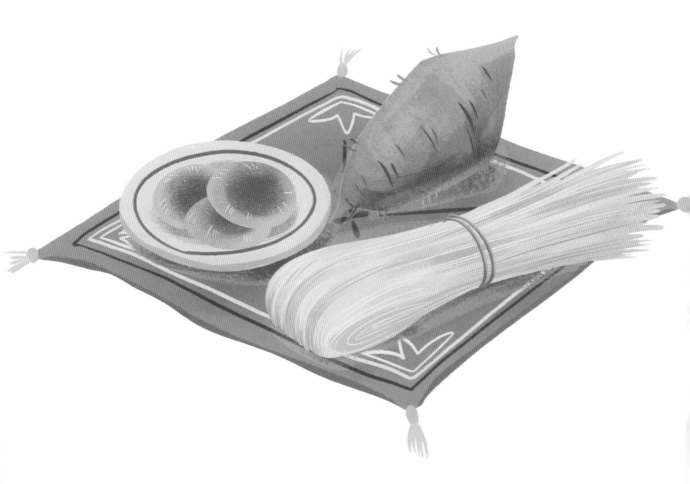

红薯埋在土壤里低调地成长。它善于用不同的形式展现自己，多么有趣啊！

责任编辑　陈　一
文字编辑　谢晓天
责任校对　高余朵
责任印制　汪立峰

项目设计　北视国

图书在版编目（CIP）数据

红薯，你从哪里来 / 温会会编著 . -- 杭州 ：浙江
摄影出版社， 2022.1
（食物背后的秘密）
ISBN 978-7-5514-3590-1

Ⅰ．①红… Ⅱ．①温… Ⅲ．①甘薯－栽培技术－儿童
读物 Ⅳ．① S531-49

中国版本图书馆 CIP 数据核字（2021）第 225677 号

HONGSHU NI CONG NALI LAI

红薯，你从哪里来

（食物背后的秘密）

温会会　编著

全国百佳图书出版单位
浙江摄影出版社出版发行
　　　地址：杭州市体育场路 347 号
　　　邮编：310006
　　　电话：0571-85151082
　　　网址：www.photo.zjcb.com
制版：北京北视国文化传媒有限公司
印刷：山东博思印务有限公司
开本：889mm×1194mm　1/16
印张：2
2022 年 1 月第 1 版　　2022 年 1 月第 1 次印刷
ISBN 978-7-5514-3590-1
定价：39.80 元